我的家在中國・民族之旅⑥

時光火車上的民族盛典 民族節日

檀傳寶◎主編　班建武◎編著

中華教育

聽說水族小朋友的新年有49天，真的好羨慕呀！讓我們一起來坐上時光火車，去感受一下各個民族的節日盛典吧！

上刀山

目錄

第一個

新年之最

▼「淋雨」最多的新年

新年，就是新的一年的第一天。一般而言，日曆本上的第一天即公曆1月1日——元旦就是新年了。

我們中國也慶祝元旦，但是，我國不同的民族，還採用不同的曆法（不同的計算時間的方法）確定自己的新年。曆法不同，新年的日期就不同。例如，漢族在農曆正月初一過春節，水族按水曆過年，藏族有藏曆新年。我們如果想要去體驗各個民族朋友的新年，就一定要先去了解他們的曆法，然後換算成我們所熟悉的公曆日期。像傣族、德昂族、阿昌族等民族的「潑水節」一般在公曆4月，哈薩克族的新年一般在公曆3月21日。

除了日期不一樣，各個民族的新年還有很多特別之處。讓我們一起來看看民族新年中的「健力士紀錄」吧！

歷時最長的新年

有一個民族，他們的新年節慶長達 49 天。這也許是世界上歷時最長的節日。

這個民族就是水族。

水族有自己的曆法——水曆，他們的新年就從水曆中推算出來。不過，他們的新年不是叫春節，而是叫「端節」，水語稱為「借瓜」或「借端」。

水族的新年不是從農曆正月初一開始，而是從農曆九月開始的。

▲少數民族同胞歡慶新年

水曆

水曆，實際上是一種陰陽合曆，它的編制和農曆一樣，也是把一年分四季，一個季節分三個月，十二個月為一個完整年。

那麼，它又特別在甚麼地方呢？

最大的區別在於，水曆每一年的起始並不是農曆正月，而在農曆九月。這個月水族稱之為「端月」。

水族人認為，在這個季節裏，收割已經基本完成，最忙最累的時候已經過去，人也應該好好地歇一歇，享受享受，以使自己在全面的放鬆之後更好地進入新的生產週期。於是，這個季節便順理成章地成為水族人心目中除舊迎新的開始。

在水語中，春天叫作「勝」，在水曆五月到七月；夏季叫作「權」，在水曆八月至十月間；秋季叫作「旭」，在水曆十一月到端月間；冬季叫作「凍」，在水曆二月至四月間。

水族的過年的含義

你知道過年是甚麼意思嗎？在漢語裏，「年」字表示「穀熟」的意思。穀熟而舉行的慶典，古代稱為過年。但是，在現代漢語中，「年」作「穀熟也」的本義已經消失，而水族的端節以及他們關於「年」的書寫，卻準確地詮釋了「過年」的真正含義。

▲水族的「年」字

算一算

如果「穀熟」就可以過年，那我們可以過多少個年呢？

每個地方栽種的穀物不一樣，穀物成熟的快慢也不一樣。就以水族栽種的主要穀物——水稻為例，看看下面這些地方的小朋友「可以」過幾次年？

海南：水稻一年三熟，可以過___次年。

江西：水稻一年兩熟，可以過___次年。

遼寧：水稻一年一熟，可以過___次年。

水族的新年怎麼過

水族人的新年歷時這麼長，是如何度過的呢？

祭祀：祭祖是水族過年最重要的活動，分別在除夕夜和大年初一清晨進行。祭品依例禁用除了魚以外的葷食。水族祭祖的魚叫「魚包韭菜」，是將韭菜、栗仁等塞滿魚腹後燉煮或清蒸而成。祭祖之後大家便可食用。

串門：水族的很多支系都生活在相隔較遠的不同地方，平日很難見面。過年的時候，這些水族就按地域分批分期過節，以便相互走訪祝賀。吃年酒必須家家去到，若有一家未去，就是對這戶人家的極大侮辱。

賽馬：水族的賽馬形式非常獨特，叫作「擠馬」。當指揮者一聲號令，騎手揚鞭策馬，在山谷互相衝撞，在混亂中擠出山谷向坡頂衝去，誰先到遠坡頂，誰就是勝者。

水族的過年活動還有鬥牛、舞火龍、搶鴨子、耍水龍……

時間	活動安排
第一個星期	
第二個星期	
第三個星期	
第四個星期	
第五個星期	
第六個星期	
第七個星期	

請你結合上面水族年俗，為水族的小朋友安排過年的活動吧！

請將右上方的小圓點剪下來，貼在你認為合適的時間裏。

祭祀　串門　賽馬　其他

「淋雨」最多的新年

傣族的新年，就是潑水節，即「淋雨」最多的節日。

在潑水節期間，眾多的慶典活動都與水密切相關。人們先到佛寺浴佛，然後相互潑水，用飛濺的水花表示真誠的祝福。

為甚麼傣族會以潑水的方式慶祝新年呢？

在傣族看來，水是生命之源，是最聖潔的東西，可以洗去一切的不幸，把幸福帶給人類。因此，在潑水節那天，誰被潑的水越多，就表明來年他所獲得的幸福越多。

如果你在潑水節期間到傣族地區旅遊，被當地的居民潑了水，千萬不要生氣啊，那是他們對你的節日祝福！

▲潑水節時潑水敬佛

潑水節是傣族的新年，在公曆的 4 月中旬，一般持續 3 ～ 7 天。第一天傣語叫「麥日」，與農曆的除夕相似；第二天傣語叫「惱日」（空日）；第三天是新年，叫「叭網瑪」，意為歲首，人們把這一天視為最美好、最吉祥的日子。

潑水節源於印度，是古婆羅門教的一種儀式，後為佛教所吸收，約在 12 世紀末至 13 世紀初經緬甸隨佛教傳入中國雲南傣族地區。中國的阿昌族、德昂族、布朗族、佤族等都過這一節日。柬埔寨、泰國、緬甸、老撾等國也過潑水節。

▲潑水節時賽龍舟

潑水節的傳說

很早以前，有一個兇惡的魔王，他有各種魔法，落在水裏漂不走，掉在火裏燒不爛，刀砍不壞，槍刺不入，弓箭射不着。他自恃法力過人，傲慢自大，整天橫行霸道，為非作歹。

有一年新年，魔王在宮中飲酒作樂。趁着魔王喝醉，被魔王從人間搶來的妻子嫡粽布掌握了魔王的弱點，用魔王的頭髮絲勒在魔王的脖子上。魔王的頭立刻就掉到地上，頭上滴下的每一滴血都變成了一團火，熊熊燃燒，而且迅速往人間蔓延。這時，嫡粽布趕忙把魔王的頭抱起來，大地上的火焰也就熄滅了，可頭一放下，火又燒起來了。魔王的其他六個妻子也都趕來，她們輪流抱着魔王的頭，這樣火才不再燒起來。

後來，嫡粽布回到人間，但她仍舊渾身血跡，人們為了洗掉她身上的血跡，紛紛向她潑水。最後，血跡終於洗淨了，嫡粽布幸福地生活在人間……

嫡粽布死後，人們為了紀念她，在每年過年的時候，就相互潑水，用潔淨的水洗去身上的污垢，迎來吉祥的新年。

海拔最高的新年

你知道世界上海拔最高的城市是哪兒嗎？

它就在被稱為「世界屋脊」的青藏高原那裏。

那裏的新年又有怎樣不同的風情呢？

雪域高原的新年叫洛薩節，它採用的是藏曆紀年法，所以也叫藏曆新年。

藏語「洛薩」是新年的意思。洛薩節相當於漢族的春節，是藏族同胞一年中最隆重的傳統節日。寺僧和俗人一樣也歡慶一年一度的藏曆新年。

藏族過年是從藏曆十二月二十九日開始的。家家戶戶要團聚在一起吃「古突」（麪糰肉粥），以此除舊迎新。

有意思的新年食物

切瑪盒：藏曆新年，家家戶戶都做切瑪盒。切瑪盒的漢語意思是「五穀豐收斗」，它是一個精製的斗型木盒，中間用隔板分開，分別盛入炒麥粒和糌粑，插上青稞穗、紅穗花和酥油花，象徵着人壽年豐、吉祥如意。

▲切瑪盒

古突：藏族羣眾新年吃的古突裏摻雜有糌粑疙瘩，這些疙瘩中有的包有小石子、木炭、辣椒、羊毛等物，吃到這些東西，分別意味着在新的一年裏心腸硬（石子）、心裏黑（木炭）、嘴巴硬（辣椒）或心地善良（羊毛）等。

「討吉利」的新年活動

新年是除舊迎新的日子，藏族用一系列活動來迎接吉祥的新年。

梳洗打扮：新年的前幾天，不管農區、牧區，老少男子都要剃頭，女子要洗梳髮辮。如男子留長髮過年，女子不洗梳髮辮過年，表示家庭或心中帶有悲痛而無心梳妝打扮之意。而梳洗打扮則表示來年的吉祥如意。

清除雜草：人們要把清除的垃圾雜草運到各自的田間，以備大年初一早晨點燃。在家裏，婦女要備好初一早晨的引火柴，使用時一點即燃，代表新年伊始諸事如意。

清晨打水：大年初一當東方晨曦初露的時候，家中的女人就背上水桶去河邊或水井汲取新年的第一桶水。傳說這時的水最為聖潔、清甜，誰家最先打上吉祥水，在新的一年裏就能免去許多災難。

串門拜年：從初二起，人們開始相互走訪、拜年、請客。手捧吉祥斗祝福的人先是在門外高聲祝福，裏面的人聽到，趕緊捧着切瑪盒出來，互相問候：「扎西德勒彭松措！」（願吉祥如意美滿！）「阿媽巴珠工康桑！」（願女主人健康長壽！）「頂多德瓦吐巴秀！」（願歲歲平安吉利！）「朗央總久擁巴秀！」（願年年這樣歡聚！）

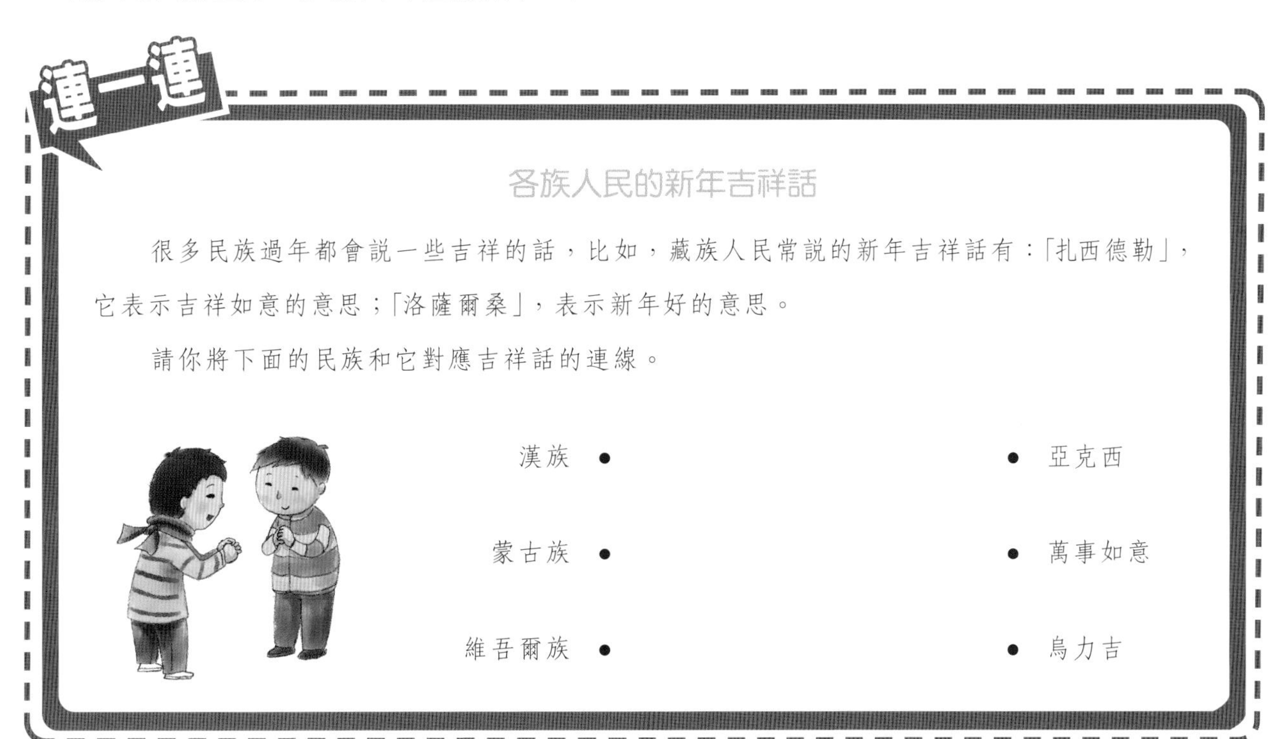

「新年之最」大聯歡

最驚心動魄的新年

闊時節是傈僳族的新年。

雲南保山地區騰沖縣的傈僳族，會在這時舉行「上刀山、下火海」表演。他們選擇 72 把鋼刀，先試一試是否鋒利，不鋒利的不要。然後把鋼刀牢牢拴在兩根杆子上，紮成一把「刀梯」，將它豎立在平地上並固定好。經過訓練的赤腳的傈僳族漢子或姑娘腳踏鋼刀，一步一步爬上刀梯頂端，在上面表演各種動作，把杆頂插着的紅旗扔下去。然後又一步一步下來，兩腳絲毫無損。

晚上，他們在地上築起一堆木炭並燒得通紅，赤着腳從木炭上不緊不慢地走過去。

注意！

「上刀山，下火海」的表演是十分危險的，表演者是經過嚴格專業訓練的。小朋友們千萬不可嘗試！

宴席最長的新年

長街宴是哈尼族慶祝新年的一種傳統習俗。節日當天，家家戶戶要做黃糯米、三色蛋、豬、雞、魚、鴨、牛肉乾巴、麂子乾巴、肉鬆、花生米等近四十種食材做成哈尼族風味的菜餚，準備好酒，抬到指定的街心擺起來。每家擺一至兩桌，家家戶戶桌連桌沿街擺，擺成一條七百多米長的長街宴（當地人稱長龍宴或街心酒），這是中國最長的宴席。

長街宴▶

最「火紅」的新年

白節是蒙古族的新年。

蒙古族有在新年祭火的傳統。他們認為，燃燒的火焰象徵着新年幸運吉祥。每家祭火的時間和方式也不同，但一般都在臘月二十三或二十四。戶主帶領家人穿好禮服跪在正門處的墊子上，把用油網包好的羊胸骨奉獻給火神。

有的地方聖火點燃後三天不熄，三天內不許遷場，不許在聖火上取暖。

▼點燃聖火

春天·生長的禮讚

春天來了，河流解凍，樹枝抽芽，鳥兒清脆啼鳴。

為了播種新的生命，為了歌唱新的生活，少數民族朋友們有各種歡慶春天的節日。哈尼族的「里瑪主」節、壯族的「三月三」歌節、怒族的鮮花節、侗族的鬥牛節、佤族的播種節等，都是春天裏別具一格的民族節日。

布穀鳥飛來

春天到的時候，人們就開始播種。如果播種早了，那麼種子容易凍死；而播種晚了，就錯過了季節，也會影響一年的收成。因此，從哪一天開始進入春天，對於耕作的農民來說，就顯得非常重要了。

相傳古時哈尼族人終年生活在深山老林裏，幾乎與世隔絕，由於不懂農事節令，栽種的莊稼收成不好，終年的辛勞換來的仍然是飢寒交迫、一貧如洗的生活。

布穀鳥體形大小和鴿子相仿。芒種前後，幾乎晝夜都能聽到布穀鳥洪亮而略帶淒涼的叫聲，叫聲特點是四聲一度——「布穀布穀，布穀布穀！」「快快割麥！快快割麥！」「快快播穀！快快播穀！」所以，俗稱布穀鳥。

關於布穀鳥，還有很多別稱，如杜鵑、杜宇、子規等。你還知道布穀鳥有哪些其他稱謂嗎？

天神為了幫助哈尼族人，派遣布穀鳥從遙遠的天邊飛去，報告春天到來的消息。當布穀鳥飛過大海時，已筋疲力盡，眼看就要掉入大海，突然，海裏出現一條龍尾，龍尾變成一棵大樹，布穀鳥就落到大樹上休息。這樣，牠歷盡千辛萬苦，終於把春天的信息帶到人間。

哈尼族人民為了紀念布穀鳥的功勞，舉行慶祝活動，久而久之，就演變成為民族節日——「里瑪主」節。這個節日在每年山茶花盛開的陽春三月舉行。「里瑪主」是哈尼語的音譯，意思是春天的盛況。

按照前輩沿襲下來的規矩，多數人聽到布穀鳥的叫聲時，就相約在一起，備辦美味佳餚。用一種大樹的花汁浸泡過的糯米，蒸出噴香金黃的糯米飯，煮好紅鴨蛋，將這些佳餚向布穀鳥虔誠地敬獻。這一天，小伙子和姑娘們則會穿上節日盛裝，會聚在草坪上，一邊歡度一年一度的「里瑪主」節，一邊選擇對象，談情說愛。

選一選

競選春天的使者

哈尼族把布穀鳥選為他們的春天使者。那麼，你心目中的春天使者是甚麼呢？

(1) 我心目中的春天使者是：

(2) 我選擇它的理由是：

放聲歌唱的日子

春天到來的時候，勤勞的人們不僅忙着耕種，也會在耕種之餘走出家門，用歌聲表達他們對生活的熱愛。

農曆三月三不僅是傳說中王母娘娘開蟠桃盛會的日子，更是壯族、侗族、布依族、畲族、仡佬族等民族唱響節日歡歌的時節。

農曆三月初三的壯鄉，洋溢着濃郁的節日氣息。嘹亮的山歌在漫山遍野中迴盪，精美的繡球在帥哥美女間傳情，勇敢的祖先被無數子孫緬懷……這些都構成了壯鄉「三月三」的動人風景。

「歌仙」劉三姐

「三月三」的活動之一是紀念劉三姐。

劉三姐聰慧機敏，歌聲優美動人。財主莫懷仁想要納劉三姐為妾，可劉三姐不為莫家富貴所動，而與對山歌的阿牛心心相印，莫懷仁因此想要迫害劉三姐。劉三姐不忍鄉親受牽連，毅然從山上跳入小龍潭，一條金色的大鯉魚把她馱住飛上雲霄，到天宮成了「歌仙」。

壯族「圩」文化

「圩」文化是壯族人生命中不可或缺的部分。壯族的「圩」，好比別的民族的「街」「集」「場」「會」等。圩就是很多人聚集在一起熱鬧的意思。

「三月三」期間最主要的活動之一就是趕歌圩，到歌圩去對歌，去會情人。壯族每年都有數次定期的民歌集會，如正月十五、三月三、四月八、八月十五等，而「三月三」最為隆重、熱鬧。

「傳情」小繡球

「三月三」還是人們傳遞情意的好日子。拋繡球是「三月三」的傳統活動。小小繡球，送給不同的人，代表不同的祝福。

送給情人：壯族男女青年以拋接繡球這種方式傳情達意。繡球作為他們的定情之物，象徵吉祥和永恆的愛情。

送給親朋好友：壯族人也有將繡球作為吉祥物饋贈親朋好友的風俗，每逢佳節或貴賓來臨，好客的主人就會給客人或長輩饋贈繡球，代表吉祥如意。

繡球的前世今生

繡球內一般包有豆粟、棉花籽或穀物等農作物種子，這除了使繡球有一定的重量便於拋擲外，更深層的意義是——繡球為吉祥之物。因為壯族是傳統的稻作民族，他們對每年農作物豐收與否十分重視，農作物種子代表着他們對豐收的渴望。

拋繡球從前是青年女子向男子表達愛意的一種方式，現已演變成羣眾性健身運動。拋繡球比賽以六個人為一隊，在一分鐘內，哪隊拋出的繡球穿過立於高杆上的圓環次數多即為勝者。

不少民族類大學裏也有拋繡球比賽，不過形式稍有不同：四個人為一隊，一個人背背簍，站到十米外，其他三個人拋繡球，每人拋三個球，投進多者為勝。

祖先「布洛陀」

「三月三」對於壯族而言，不僅是一個歌唱的節日，而且也是緬懷祖先、祭奠先人的日子。

相傳，「三月三」是壯族祖先布洛陀帶領人們抵抗外族入侵的日子。後人為了紀念祖先功績，每年舊曆三月初三，都會祭拜，以表示對祖先功績的崇敬。

「布洛陀」是壯語的譯音，「布」是對很有威望的老人的尊稱，「洛」是知道、知曉的意思，「陀」是很多、很會創造的意思，「布洛陀」就是指「山裏的頭人」「山裏的老人」或「無事不知曉的老人」等意思。

「三月三，龍拜山」

「三月三，龍拜山」這句話在壯族地區廣為流傳，它源於一個美麗的民間傳說。

相傳，在羅波潭附近住着一個寡婦，她常常到潭裏挑水。有一天，她發現有一條小花蛇游進了她的水桶裏，寡婦好心地把小花蛇放入潭中。誰知連續打了幾桶水，小花蛇仍然留在桶裏不肯走。於是，寡婦便把小花蛇帶回家養在水缸裏。寡婦到地裏幹活時也帶上小花蛇。一天，寡婦在地裏割菜的時候一不小心切斷了在地裏玩耍的小花蛇的尾巴，寡婦不忍將受傷的小花蛇遺棄，又找來草藥敷在牠的傷口上。當這條斷尾的小花蛇傷好了以後，牠就天天跟着這寡婦，彷彿兒女一般。由於寡婦沒有子女，她便認小花蛇做兒子，取名「特掘」（壯語「缺尾」的意思）。

後來，寡婦年老病死了。正當村裏的人提起寡婦無人送終時，天空突然狂風大作，雷電交加，一條斷尾的巨龍出現在村子的上空。巨龍猶如一道金光從天而降，捲起寡婦的遺體送到大明山上安葬。而這條巨龍就是當年寡婦養的那條斷尾的小花蛇。由於特掘葬母的舉動驚動了天上的玉帝，玉帝被他的孝心所感動，特意允許他在每年的農曆三月初三回去拜祭母親。所以每年特掘都要到大明山上去祭拜，於是便有了「三月三，龍拜山」的說法。

找一找

請在左圖中找到節日要素：

鮮花、牛、彩旗

彩旗、對歌與鬥牛節

「鬥牛節」是侗族的傳統節日，在每年農曆二月或八月逢「亥」的日子裏舉行。如果兩頭「牛王」久鬥不分勝負，人們就用大繩拴住兩頭牛的角，像拔河一樣往後拉，解脫牠們的搏鬥，算是平局。如果一方輸了，輸方的彩旗就會被贏方的姑娘們全部奪去，輸方需要通過贖旗禮和對歌的方式才能贖回。得勝的「牛王」被披上紅布，以示祝賀。

鮮花的禮讚

每年的農曆三月十五，是雲南怒族人民最隆重的傳統節日——鮮花節，也叫「仙女節」「乃仍節」。傳說是為了紀念一位英勇不屈的怒族女孩阿茸而設立的。

每到這天，怒族的姑娘們都會採摘各種鮮花戴在頭上。前去仙女洞祭祀的人們，會將紮好的杜鵑花放在祭台上。

第三個

夏天·節日嘉年華

夏天是一個火熱的季節。

夏天裏的節日數不勝數，它熱情奔放、充滿力量。

蒙古族的那達慕、水族的卯節、畲族和毛南族的分龍節、土族的端陽節、普米族的轉山節、納西族的七月騾馬會、苗族的吃新節、鄂温克族的米闊魯節、苗族和侗族的蘆笙節、京族的哈節、哈尼族的六月節、布依族的四月八、壯族的中元節……

這些共同奏響了夏日民族節日大聚會的樂章。

▲彝族的火把節

草原上的英雄大會

夏日的草原，是力與美交相輝映的舞台。

各路勇士摩拳擦掌，都想成為草原上的英雄。

「那達慕」成了草原英雄們相互切磋的擂台。「那達慕」是蒙古語的譯音，意為「娛樂、遊戲」，表示豐收的喜悅之情。每年農曆六月初四（這是草綠花紅、羊肥馬壯的日子）開始的那達慕，是草原上一年一度的傳統盛會。

▲蒙古族的那達慕大會

英雄大會的前奏

在各路英雄會聚草原，準備大展身手，一比高下之前，有一件重要的事情要做，就是祭敖包。

屆時，蒙古族人民身着盛裝，以煮熟的牛、羊、豬肉為供品，聚集敖包四周。敖包上插着帶有青枝綠葉的柳樹或樺樹枝，以及彩旗、布條等，象徵五穀豐收、六畜興旺。祭祀時，要在敖包四周點香，並向它祭灑白酒和奶酪。祭敖包結束後，隆重的那達慕就可以拉開序幕了！

▲祭敖包

敖包

敖包原來是在遼闊的草原上人們用石頭堆成的道路和境界的標誌，後來逐步演變成祭山神、路神和祈禱豐收、家人幸福平安的象徵。牧人每次經過敖包，都要在敖包上放幾塊石頭；客人每到敖包前，一般都要按蒙古族習俗順時針繞敖包三周，同時心中許願，並在敖包上添加石塊以求心願得償。一般都放3、6、9塊石頭，代表六六大順或吉祥等。

這些石頭不要隨便亂動，它們是幸福平安的象徵▶

英雄大會的盛況

在那達慕英雄大會上，你知道各路英雄都要比試甚麼功夫嗎？拳法還是刀法？這些英雄比的既不是拳腳，也不是刀槍。因為蒙古族是一個馬背上的民族，他們長期以來逐水草而居，所以他們比的是力量、速度和準度。摔跤、賽馬、射箭成了英雄們必須掌握的三大本領。

誰是大力士

蒙古式摔跤具有獨特的民族風格。按蒙古族傳統習俗，摔跤運動員不受地區、體重的限制，採用淘汰制，一跤定勝負。

蒙古族摔跤的最大特點是不許抱腿。其規則還有不准打臉，不准突然從背後把人拉倒，不可觸及眼睛和耳朵，不許拉頭髮，不許踢肚子或膝部以上的任何部位。

▲蒙古式摔跤

誰是飛毛腿

作為馬背上的民族，蒙古族人對速度的較量有賴於他們的好朋友——馬。

那達慕上的賽馬分為走馬和跑馬。走馬比的是賽馬走得快、穩、美。而跑馬則是比賽馬的速度和耐力。

一般而言，所有的比賽者都騎上賽馬，立於起點。為減輕馬的負重，很多人都不穿馬靴，不備馬鞍。裁判一聲令下，幾十甚至上百匹賽馬同時出發，場面十分壯觀。

在舉行頒獎儀式時，民族歌手會高聲朗誦讚馬詩。讚馬詩的內容豐富多彩，如：描述馬匹的雄俊姿態，介紹調教者、騎手名次和良馬產地，形容在賽跑過程中的種種特點等。

蒙古馬

馬就是蒙古族人的「豪車」。

蒙古馬雖然體形矮小，其貌不揚，但能抵禦西伯利亞暴雪，在極其艱苦的條件下生存。一匹馬能夠載重600～700公斤，用一個半小時走完10公里。牠們在戰場上不驚不乍，勇猛無比，歷來是蒙古人最愛用的一種軍馬。

從上圖中，找出右側這匹馬

誰是神射手

蒙古族不僅是遊牧民族，而且是狩獵民族。因此，射箭也是蒙古族的看家本領。

神射手在草原上享有很高的榮譽。古代勇士名字的後面常加上「篾兒干」「麥爾根」或「莫日根」，就是神箭手的意思。蒙古族的射箭，分騎射和靜射。騎射的馬匹自備，規則是從一個起跑線起跑，沿規定路線跑，賽程中要射三個不同顏色懸掛着的布袋，中者受獎。靜射是站在一定距離外，連射三箭，以中靶環數多少排名次。

蒙古式射箭法很特別，拉弓弦的手用大拇指扣弦，箭尾卡在拇指和食指的指窩處。

與蒙古式相對應的是地中海式射箭方法。它是目前主流比賽中常使用的方法。

▲靜射

走向世界的英雄大會

那達慕是我國居住在內蒙古自治區等地的蒙古族、鄂温克族、達斡爾族等民族人民的盛大節日。2010 年，內蒙古鄂爾多斯舉辦了首屆國際那達慕，吸引了二十多個國家和地區的代表參加。這是千年那達慕歷史上規格最高、規模最大、項目最豐富、影響力最廣泛的一次國際性盛會。那達慕已經成為蒙古族與世界各國交往的重要文化名片。

東方的狂歡節

夏天是一個如火的季節。

火在一些民族中是重要的崇拜對象。

火把節是彝族、白族、納西族、基諾族、拉祜族等民族古老而重要的傳統節日，蜚聲海內外，被稱為「東方的狂歡節」。

不同的民族舉行火把節的時間也不同，大多是在農曆的六月二十四。

節慶期間，各族男女青年點燃松木製成的火把，到村寨田間活動，邊走邊把松香撒向火把，照天祈年、除穢求吉；或唱歌、跳舞、賽馬、鬥牛、摔跤；或舉行盛大的篝火晚會，徹夜狂歡。

火把節的傳說

彝族先民一直過着幸福的生活。突然有一天，天神恩梯古茲生氣了，派了大批蝗蟲、螟蟲來吃地上的莊稼。人們嘗試了很多方法，都不能把這些害蟲殺死。彝族青年阿體拉巴便在舊曆六月二十四那一晚，砍來許多松樹枝、野蒿枝紮成火把，率領人們點燃，到田裏去燒蟲，終於戰勝了蟲災，保住了莊稼。從此，彝族人民便把這天定為火把節。每年到了這一天，人們便燃起火把，紀念先人，慶祝勝利。

火把節裏的「三把火」

「火把節」慶祝共三天：第一天，迎火；第二天，贊火；第三天，送火。

迎火：這一天，村村寨寨都會宰羊殺豬，以酒肉迎接火神。

夜幕降臨時，鄰近村寨的人們會在老人選定的地點搭建祭台，以傳統方式擊打燧石點燃聖火，由畢摩（祭司）誦經祭火。然後，家家戶戶大人小孩都會從老人手裏接過用蒿稈紮成的火把，先照遍屋裏的每個角落，再從田邊地角漫山遍野地走過來，以期用火光來驅除病魔災難。

贊火：這一天是火把節的高潮。天剛亮，男女老少都穿上節日的盛裝，帶上煮熟的坨坨肉、蕎饃，聚集在祭台聖火下，參加各式各樣的傳統節日活動。

其中最重要的活動就是彝家的選美。年長的人們按照傳說中阿體拉巴勤勞勇敢、英俊瀟灑的形象選出美男子，傳說中阿什嫫善良聰慧、美麗大方的標準選出女子。

當傍晚來臨的時候，成千上萬的火把，形成一條條火龍，從四面八方擁向同一個地方，最後形成無數的篝火，映紅天空。人們圍着篝火盡情地跳啊唱啊，一直鬧到深夜。

送火：這天夜幕降臨時，祭過火神吃完晚飯，人們手持火把，走到約定的地方，舉行送火儀式，唸經祈禱火神，祈求祖先和菩薩賜給子孫安康和幸福，賜給人間豐收和歡樂。

人們舞着火把唸唱祝詞：「燒死瘟疫，燒死飢餓，燒死病魔，燒出安樂豐收年」，祈求家宅平安、六畜興旺。這時大家還要帶着第一天宰殺雞的雞翅、雞毛等一起焚燒，象徵邪惡和病魔的瘟神也隨之焚毀。同時還要找一塊較大的石頭，把點燃的火把、雞毛等一起壓在石頭下面，寓意壓住魔鬼，確保家族人丁興旺、五穀豐登、牛羊肥壯。最後，山上山下各村各寨游龍似的火把聚在一起，燃成一堆大篝火，以示眾人團結一心，共同防禦自然災害。

夏日大聚會

找一找

請在下面的年畫中找到節日要素：

亭子、牛、蘆笙、山

夏天就是一個盛大的節日聚會。

參加這場節日盛會的民族很多，他們的慶祝活動也各具特色。

京族「樂哈哈」

京族最隆重的傳統節日是「哈節」，也叫「唱哈節」。

京語「哈」的意思是唱歌，「哈節」也就是「歌節」。在京族地區，每個村寨都建有哈亭。過「哈節」時，要請「哈妹」（歌手）在哈亭內演唱「哈歌」，非常熱鬧。

毛南族「牛哄哄」

分龍節是毛南族祈神保佑豐收的傳統節日。「納牛」是分龍節不可或缺的儀式。按照習俗，在過節的前一天，毛南族羣眾要「椎殺」一頭公牛，用牛頭、牛尾、牛腳、牛內臟祭祀三界公爺，以獲得「牛氣」和福氣。

苗族「蘆笙響」

蘆笙節是苗族、侗族地區最普遍、最盛大的傳統節日，以蘆笙踩堂、賽蘆笙為主要活動。蘆笙會時，人們圍成一個個圓圈跳蘆笙舞，小伙子們在圈內捧着長長短短的蘆笙邊吹邊跳，姑娘們踏着笙歌的節奏翩翩起舞。

普米族「轉山忙」

在普米族的傳說中，每年農曆七月十五，各地的山神都要集中到一個叫「甲雙巴拉」的山神那兒去打賭。如果哪個地方的山神賭贏，哪個地方的百姓就會豐衣足食；如果賭輸，這個地方的村寨就不得安寧了。為使本地山神能夠取勝，當日一大早人們就上山燒香磕頭，護送山神去打賭，祝賀山神凱旋。

第四個

秋天·豐收的時節

秋果香，秋魚肥，稻穀熟，人歡喜。

秋天，是收穫的季節，不同民族都有各自慶祝豐收的節日，如：苗族的趕秋節，白族的漁潭會，佤族的新米節，毛南族的南瓜節，高山族的收穫節，水族的借額節，仡佬族、阿昌族、普米族、瑤族的嘗新節等。

▼南瓜節

▼收穫節

升級版鞦韆

鞦韆是個「大眾情人」，無論男女老少，都十分喜愛它。

通常情況下，一個鞦韆只能承載一個人或兩個人。但如果你在趕秋節來到苗寨，就能夠看到鞦韆的升級版——八人鞦韆。

每當立秋時，苗族人民便停止幹農活，穿上盛裝，結伴成羣，歡聚在傳統的秋坡上，盪起八人鞦韆。

八人鞦韆是湘西花垣、鳳凰、吉首、瀘溪等地苗族人民的傳統節日——趕秋節中最精彩的節目。

八人鞦韆，擠不擠？

一聽到「八人鞦韆」，你是不是以為是八個人在鞦韆上疊羅漢？其實，八人鞦韆一點也不擠。鞦韆共設有八個座位，每個座位可以坐一至二人，所以，雖然名為八人鞦韆，但它最多可以坐十六人。

八人鞦韆相傳是一位叫巴貴達惹的苗族青年設計的。一天，巴貴達惹彎弓搭箭射落一隻山鷹，這隻山鷹鷹爪上有一隻繡有「鯉魚戲水」的花鞋，繡工精巧。為了找到這位心靈手巧的姑娘，他便精心設計了八人鞦韆，邀請百里苗寨的青年男女在趕秋節時對歌盪鞦韆。果然，趕秋會上有位姑娘，所穿繡花鞋與鷹爪上的鞋一模一樣。於是二人對歌，結成了百年之好。

腳踩刀刃，怕不怕？

趕秋節上還有另外一項精彩的傳統節目——上刀山。

上刀山，又叫爬刀梯，是在木梯上安裝鋒利的刀子作為梯級，表演者赤腳踏在利刃上蹬上蹬下，腳底的肌膚竟絲毫無損。

苗族為甚麼要表演這麼危險的節目呢？

傳說，在很久以前，苗山出現了一個妖怪，弄得民不聊生。一位叫石巴貴的青年，自告奮勇帶了三十六把鋼刀來到一座高山上，將刀一把一把地由下而上插在一株大樹上，插一把上升一步。插到最後一把，登上樹梢後，舞動手中的降妖鞭，吹響牛角，高呼要與妖怪決一死戰。跟隨他上山的百姓則在樹下點燃鞭炮和鐵銃，敲起鑼鼓。妖怪見此情景只好逃之夭夭。為了紀念石巴貴為民除害的精神，爬刀梯的活動便在苗族的趕秋節中流傳下來。

爬刀梯的活動十分危險，沒有經過訓練的我們，不能輕易嘗試！

上刀梯者，必須有膽識、技巧和武功。他們在上刀梯之前，還需要運氣至湧泉穴和勞宮穴。

秋公與秋婆

趕秋節的活動如此吸引人，那麼，苗族的趕秋節是怎麼來的呢？

他們是為了紀念神農祖先——秋公與秋婆。傳說在遠古時代，苗族先祖神農，派一男一女去東方取穀種，教苗民種植，使人們有五穀食用。

趕秋節就是苗族對神農及秋公、秋婆表示感恩而舉行的民間節日活動。趕秋節反映了苗族人民對五穀豐收、六畜興旺與幸福的追求。

五穀

秋公與秋婆幫苗族取穀種，所以被人們所紀念。你認識五穀嗎？你是常言所說的「四體不勤，五穀不分」的小朋友嗎？

「穀」是指有殼的糧食。「五穀」一般指稻、黍、稷、麥、菽。

請你結合下面對五穀的介紹，找出相應的穀物。

稻：俗稱水稻、大米。

黍：俗稱黃米。

稷：又稱粟，俗稱小米。

麥：俗稱小麥。

菽：俗稱大豆。

南瓜選美秀

農曆九月初九，是漢族的重陽節，也是毛南族的南瓜節。

節日當天，各家把收穫的形狀各異的橘黃色大南瓜擺滿樓板。年輕人走門串戶，到各家評選「南瓜王」。「南瓜王」選出來後，主人切開它並掏出瓜瓤，把飽滿的籽留下來做下一年的種子，然後把瓜切成塊，放進鍋裏與小米文火煨燉，煮得爛熟，先盛一碗供在香火台上，最後大家同享。

我們不能像毛南族那樣收集那麼多的南瓜，來選出南瓜王。那我們就製作一個南瓜燈來體驗南瓜節的快樂吧！

第一步：買一個南瓜，大小肥瘦取決於你想要的造型。

第二步：給南瓜畫上眼睛、鼻子、嘴巴。

第三步：在南瓜頂上挖一個拳頭大小的洞。挖出來的蓋子要留好。

第四步：用大湯勺把南瓜內部刮乾淨。

第五步：按照畫好的圖案雕刻南瓜。

第六步：把蠟燭放在一個小盤子上，把盤子放入南瓜中。

第七步：點上蠟燭，蓋上蓋子，你就可以提着南瓜燈出門啦！

▲高山族民居內景

收割的集結號——收穫節

「收穫節」又稱「豐收節」，是台灣高山族布農人的節日。布農人的主食為小米，收穫節於小米成熟時的農曆十月舉行。節日前一天，各家各戶去自家的小米地摘下兩根粟穗，送到村社的司祭家，由其存入公共的糧倉中，待第二年播種時領回播種。節日當天，司祭家殺豬並煮新米飯招待各家家長。當天晚上，各戶殺豬煮新米飯吃。吃了新米飯，才可以全面開鐮收割。

漁具的交易會——漁潭會

每年農曆八月十五至二十一，雲南省洱源縣漁潭坡都會舉行漁潭會。

相傳，唐朝時漁潭坡中的紅魚精經常到洱海中興風作浪，使得當地漁民苦不堪言。最後，由觀音收服了紅魚精，並准許它每年農曆八月十五出洞活動一次。但為了防止魚精再次鬧事，觀音讓當地漁民在紅魚精出洞這天在漁潭坡上趕會，交易捕魚網具和漁叉。紅魚精出洞時，看到熙熙攘攘的漁民們在交易捕魚網具時，又退回洞中，不敢出洞。

一開始，漁潭會交易的商品主要是漁具。後來，白族人民逐漸將其發展為農貿物資交流會。

大理地區白族人民的婚禮多在每年秋收後舉行，漁潭會剛好在秋收前舉辦，凡要嫁娶的人家都要到漁潭會備辦結婚用品，故漁潭會又稱「嫁妝會」。

冬天．守望的季節

經歷了豐收的秋天，人們開始陸陸續續地把食物儲存起來，用來度過寒冷的冬季。

冬季，是人們養精蓄銳，準備迎接春天的時節。

冬天，也有不少少數民族自己的節慶，如獨龍族的卡秋哇、瑤族的盤王節、土家族的趕年節、侗族的侗年、普米族的大十五節等。

▲瑤族的盤王節

▲侗族的侗年

最「珍貴」的節日

最珍貴的節日，也許是獨龍族的卡秋哇。

之所以說獨龍族的卡秋哇「珍貴」，不是因為它耗費了大量人力物力，而是因為它是這個民族在一年裏唯一的節日。物以稀為貴，這樣看來，獨龍族的卡秋哇確實十分的珍貴！

既然一年只有一個節日，那麼，就儘量把這個節日過長一點？

但是，卡秋哇的長短主要是由準備的食物的多少而決定的。如果食物比較充裕，那麼，就可以過長一點。但是，如果食物比較少，那麼這個節日就會過得相對短一點。一般來說，這個節日會持續兩至五天。

獨龍族

　　獨龍族是我國一個人口十分稀少的少數民族。人口約 7000 人（據 2010 年人口普查數據），主要分佈在雲南怒江州貢山獨龍族怒族自治縣。

　　獨龍族有自己的語言，無文字，過去多靠刻木結繩記事來傳遞信息。

古老的「請柬」

　　卡秋哇這個節日沒有固定的日期，各家各族自由選擇好吉日，就開始過節，一般是定在農曆的臘月。

　　選定過節的吉日後，各家都邀請親友一起來過年。他們在特製的木條上刻上缺口，這就是「請柬」，派人送往邀請的村寨。木條上刻了幾個缺口，就表示再過幾天後就要舉行節日。

原始的「剽牛宴」

　　祭山神、射面獸、走親訪友和歌舞會等多種娛樂方式都是卡秋哇裏最常見的活動，其中最隆重、最歡樂的是「剽牛宴」。

　　兩名勇敢的剽牛士每人喝三碗米酒，雄赳赳地走出人羣，手持長矛猛地向牛的兩肋刺去。牛大跌大撞，觀眾則圍成一個大圓圈為勇士吶喊助威，並做出驅趕野獸的舞蹈動作。牛愈是跌跌撞撞，場上的情緒愈是激烈。幾刺之後，牛撲倒在地，人羣也發出勝利的歡呼。兩位剽牛者割去牛頭，大夥當場解剖牛肉、煮熟，分給在場的每一位觀眾。眾人邊吃邊喝，載歌載舞，剽牛宴漸漸達到高潮……

　　剽牛舞會是古代狩獵生活的縮影，也是捕獵歸來，慶祝勝利的儀式。

最「心急」的節日

土家族的新年別出心裁，比漢族的春節早一天，因此叫作「趕年節」。

為甚麼土家族這麼急不可待地提前一天過年呢？

相傳，明代嘉靖年間，春節將至，朝廷傳來聖旨，急調土司地區土兵赴蘇淞協剿倭寇。為保證及時奔赴前線，土家人提前吃了年關飯為戰士送行。由於吃飯的人多，所以用甑子蒸飯。

▲擺手舞

為紀念祖先保家衛國的功績，土家人就把戰士出行的這一天當作他們的新年來慶祝，而且不管家庭人多人少，家家戶戶都有用甑子蒸飯的習俗。所以，土家族的新年總是比春節早一天，稱為「趕年節」。

不要以為土家人着急着提前一天過年，他們的新年就少過一天。其實，過完趕年節後，他們還是繼續過除夕和新年。

跳一跳，擺手舞

擺手舞是土家族趕年節的一項重要的祭祀舞蹈活動，主要反映土家族的生產生活。

狩獵舞：表現狩獵活動和模擬禽獸活動姿態，主要有趕猴子、拖野雞尾巴、犀牛看月、跳蛤蟆等十多個動作。

農事舞：主要表現土家族的農事活動，有挖土、撒種、紡棉花、織布、挽麻蛇、插秧、種苞穀等。

生活舞：主要有掃地、打蚊子、打粑粑、水牛打架、抖跳蚤、擦背等十多種。

嚐一嚐，美味的土家粑粑

土家族流行「臘月二十八，打粑粑」習俗。在這一天，土寨都會邀上附近的幾家鄰居來一起打粑粑。因為在土家風俗中，打粑粑一般不單獨進行，要幾家人聚在一起才喜慶和熱鬧。此外，人多分工可以更細，效率也更高。

土家族就將打好的粑粑用於過年時招待登門的客人，或者當作拜年時的禮物。

▲打粑粑

粑粑怎麼吃？

粑粑，有純糯米做的，有小米做的，也有糯米與小米拌和做的，還有苞米與糯米拌和打成的。

粑粑的吃法有很多種：用炭火烤，叫烤粑粑；用青菜湯下粑粑片，叫煮粑粑；與臘肉炒，叫炒粑粑。

粑粑做得多，一時吃不完怎麼辦呢？把它放到水缸中用清水浸泡，這樣可以儲藏兩至三個月都不壞。

▲洋芋粑粑炒臘肉

▲烤粑粑

最有「涼意」的節日

侗年是侗族的傳統節日。各地侗族過侗年的時間先後不一，但多在農曆十一月初一至十一間舉行。

節日前一天備豆腐、魚蝦，當晚用酸水煮熟，經一夜冷卻成「凍菜」，節日當天便以「凍菜」祭祀祖先。

節日期間，各家或殺豬宰羊，或殺雞殺鴨，請客訪友，宴飲作樂。

寒食節

除了侗族的侗年，還有一個節日也吃冷食。這就是漢族的寒食節。

但是寒食節通常是冬至後第105日，與清明節日期相近。

一首唐詩很好地介紹了寒食節的由來：

之推言避世，山火遂焚身。

四海同寒食，千秋為一人。

這首詩講了一個這樣的故事：春秋時期，一個名為介子推的人與晉文公一起流亡列國。

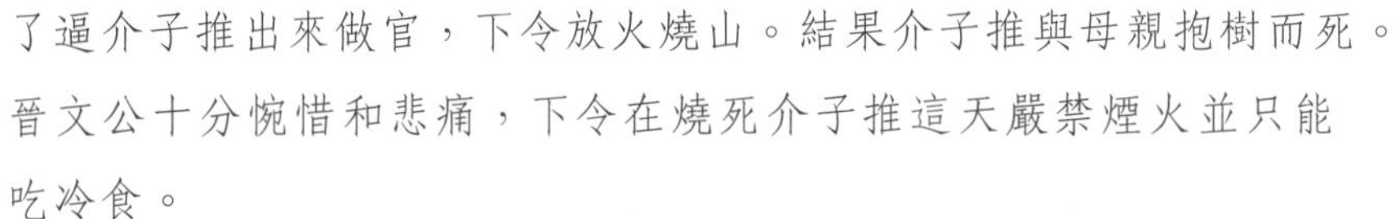

在饑荒時，介子推曾經將自己大腿上的肉割下，熬成肉湯給晉文公吃。當晉文公成功復國準備獎賞功臣的時候，介子推卻不求功名，與母親歸隱山林。晉文公為了逼介子推出來做官，下令放火燒山。結果介子推與母親抱樹而死。晉文公十分惋惜和悲痛，下令在燒死介子推這天嚴禁煙火並只能吃冷食。

第六個

民族節日大盤點

好了，日曆終於翻完了，我們已經知道了許多精彩的民族節日。

知道了這麼多民族節日，聰明的你，一定發現了許多有趣的話題吧。讓我們來總結一下！

節日的傳說

(1) 傳説中「打怪獸」的節日

(2) 傳説中「誇英雄」的節日

(3) 還有哪些不同的節日傳説？

節日的活動

(1) 喜歡唱歌跳舞的節日

(2) 喜歡舉行體育競賽的節日

(3) 還有哪些不同的慶祝活動？

節日的食物

(1) 民族節日中具有代表性的食物是甚麼？

(2) 這些食物為甚麼會成為節日的代表？

我的家在中國・民族之旅 6

時光火車上的民族盛典 民族節日

檀傳寶◎主編　班建武◎編著

責任編輯：鍾昕恩
裝幀設計：龐雅美
排　　版：張詠心　鄧佩儀
印　　務：劉漢舉

出版 / 中華教育
香港北角英皇道 499 號北角工業大廈 1 樓 B
電話：（852）2137 2338
傳真：（852）2713 8202
電子郵件：info@chunghwabook.com.hk
網址：https://www.chunghwabook.com.hk/

發行 / 香港聯合書刊物流有限公司
香港新界荃灣德士古道 220-248 號
荃灣工業中心 16 樓
電話：（852）2150 2100
傳真：（852）2407 3062
電子郵件：info@suplogistics.com.hk

印刷 / 美雅印刷製本有限公司
香港觀塘榮業街 6 號
海濱工業大廈 4 樓 A 室

版次 / 2021 年 3 月第 1 版第 1 次印刷

規格 / 16 開（265 mm x 210 mm）

本書繁體中文版本由廣東教育出版社有限公司授權中華書局（香港）有限公司在香港特別行政區獨家出版、發行。